拼图
游戏

请把下面六张小图对应的数字拼到大图上，使大图完整起来。

U0166291

1

2

3

4

5

6

捉迷藏

图中的小朋友们正在玩捉迷藏，仔细观察图片，你能找到他们吗？找到后用笔把他们圈起来，再数数看图中一共有几个人。

左边右边

你知道哪一边是左边，哪一边是右边吗？

小健是用哪一只手拿棒棒糖的呢？如果是左手，就在左边的圆圈中打钩。

小美是用哪一只脚踢毽子的呢？如果是左脚，就在左边的圆圈中打钩。

海底世界的秘密

海底世界藏了很多本不属于这里的东西，你知道是哪些东西吗？请你找找看，并把这些东西圈出来。

花丛里的蝴蝶

有一只蝴蝶正在寻找躲在花丛里的同伴，它的同伴一共有十五只。你知道它们躲在哪里了吗？请仔细找一找，并把它们圈出来。

蝴蝶

下面六张小图分别是蝴蝶身体的哪一部分呢？请仔细观察大图，判断整体与部分的关系，并在每张小图左上角的方框中写上对应的号码。

水果对对碰

这里有六盘水果，每个盘子里放了五种水果，请找出水果种类完全相同的两盘，用线将它们连在一起。

谁来了

门铃响了，有人来了。你知道小明从大门上的猫眼里看到了谁吗？请把第一排的小图和第二排对应的人连在一起。

花和花瓶

下面六张卡片中，哪一张卡片上的花和花瓶，与摊位上的花和花瓶一模一样呢？请帮熊宝宝找一找，并把它圈出来。

找到小猪阿明

小猪阿明的朋友给它拍了张照片，请你仔细观察阿明的照片，在大合照中找出阿明，并把它圈出来。

奇妙的窗框

想象一下，猫头鹰会从下图中看到什么呢？请用本辑游戏卡册"宇宙飞船"下方的窗框纸卡挡住房间，就能知道答案了。

观鸟

小熊从望远镜里看到了一只鸟的头、尾巴和身体，请问小熊看到的是哪一只鸟呢？请在下图中把这只鸟圈出来。

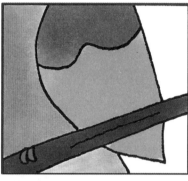

哪里不一样

以下这两张图有哪些地方不一样呢？请把这些不同之处圈出来。

跳芭蕾舞

仔细观察，下面第二排小男孩做的这些动作，和上面一排的哪一个动作最像呢？请在圆圈中涂上对应的颜色。

找出
一样的鱼

水里哪一条鱼的花纹
和标题旁的鱼的花纹一模
一样呢？请把它圈出来。

找蛋壳

下面哪两部分蛋壳可以拼合完整呢？请帮小鸡找到它们的蛋壳，并在方框里涂上相同的颜色。

示例：

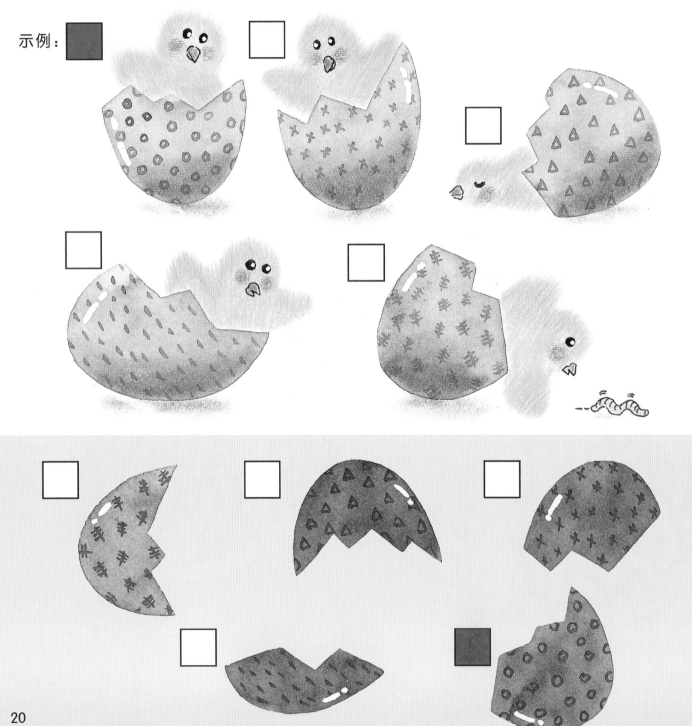

帮猪小弟画画

小熊帮猪小弟画了一张画，可是有些地方画得不一样，哪里画得不一样呢？请把这些不同之处圈出来。

找座位

上课了，有些小朋友找不到自己的座位了。请你根据右上角的照片，帮助他们找到座位，并在圆圈中写上正确的号码。

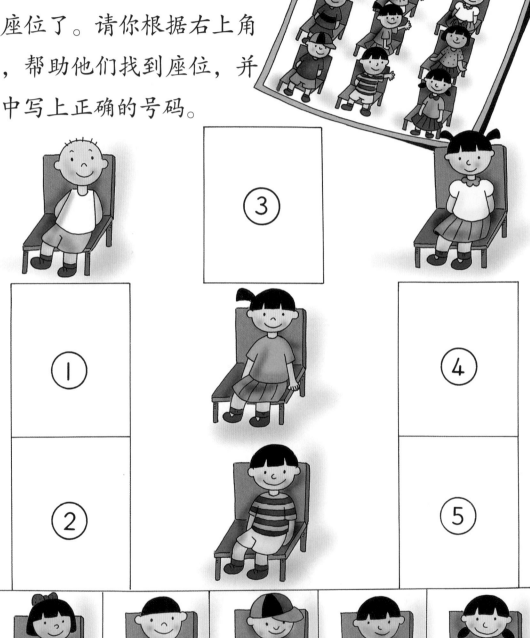

涂颜色

请在下面六个方框中的圆圈内涂上颜色，使颜色相同的三个圆点连成一条线。

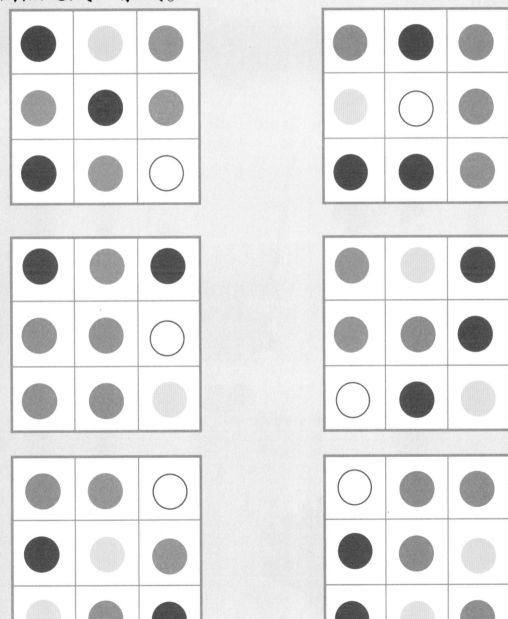

遗失的手套

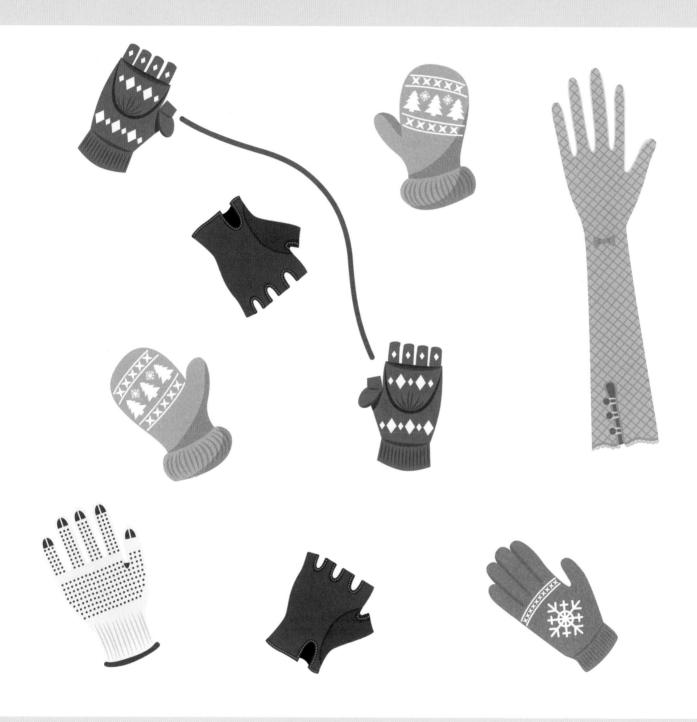

一双手套有两只，下面的手套当中，有一双手套少了一只，你知道是哪双手套只剩下一只了吗？请把同一双的手套连起来，就知道答案了。

找小鸟

树林里有好多小动物，请在
这些小动物中圈出鸟类吧！

27

找鞋子

房间里有好多只鞋子，请在图中把它们圈出来吧。

找动物

下图的房间里藏了右边十二种
动物，它们在哪里呢？请圈出来。

找小丹

玩具店里有好多玩具和小朋友。刚进玩具店不久，妈妈就找不到小丹了。请帮妈妈在图中找到小丹，并把他圈出来吧。

找找看

仔细观察，方框里的八张小图是上面八件物品中的一部分，请参照示例，在物品的对应位置画个框。

示例：

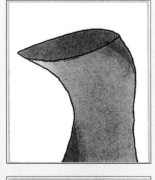 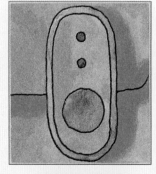  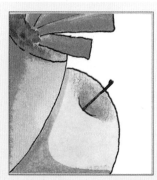

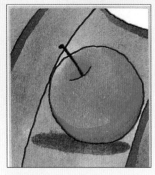 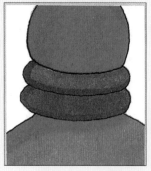 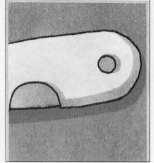 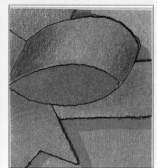

32

拼拼图

左上角有一张阿宝哥陪奇奇、小问骑自行车的图片，请问这张图片是由下面哪七张图拼成的呢？请在多余的那一张图的圆圈中打钩。

热身运动

动物们正在做热身运动。仔细观察这两张图，把两张图之间的十个不同之处圈出来。

打扫工具

哪些是打扫时用得到的工具呢？请把它们圈出来。

蔬菜

菜园里有好多蔬菜。这些蔬菜的什么部位是我们常吃的呢？请把我们常吃的蔬菜部位圈出来。

36

游乐园小火车

兔子姐妹和小猪、猴子、小狗去游乐园玩小火车。你知道它们坐在下面哪一辆小火车上吗？请在方框中打钩。同时在右图中找出这辆小火车的位置，并把它圈出来。

里里外外

下面有六种水果，你知道它们的里面和外面分别是什么样子的吗？请在以下三排中属于同一种水果的方框里涂上相同的颜色。

数小鸟

树林里有好多小鸟。请你帮小熊数数看，以下这三种鸟的数量。

● 黄嘴巴 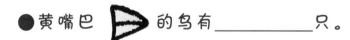 的鸟有 _____ 只。

● 绿尾巴 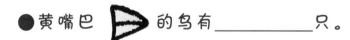 的鸟有 _____ 只。

● 红眼睛 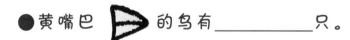 的鸟有 _____ 只。

是谁的骨骼

仔细看，左边的骨骼对应的是右边的哪只恐龙呢？请把正确的恐龙圈出来。

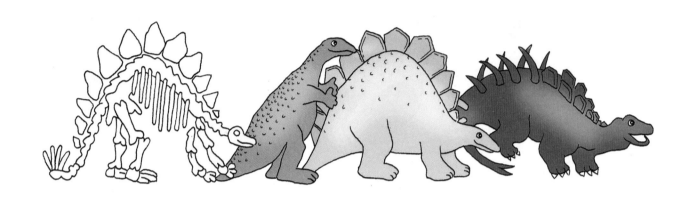